Jürgen Langbein

Der Willinger Berg

Hausberg der „Willinger“

nicht nur ein Bilderbuch

Bibliografische Information der Deutschen Nationalbibliothek:
Die Deutsche Nationalbibliothek verzeichnet diese Publikation in der Deutschen Nationalbibliografie; detaillierte bibliografische Daten sind im Internet über http://dnb.ddb.de abrufbar.

ISBN 978-3-96103-182-5

www.rediroma-verlag.de
21,95 Euro (D)

Jürgen Langbein

Der Willinger Berg

Hausberg der „Willinger“

Inhaltsverzeichnis

1. Vorwort

Während meiner sonntäglichen Spaziergänge durch den Willinger Berg kam mir der Gedanke, „nehme doch mal außer Deinen Walkingstöcken, deinen kleinen Fotoapparat mit und mach ein paar Bilder von dem was Dir da so begegnet“. So entstanden die ersten Gedanken für dieses Büchlein. Ich habe erst gezögert und es bedurfte noch einige Zeit die Gedanken zu ordnen und alles aufzuschreiben was mir so am Herzen lag.
Ich möchte vorwegschicken, dass ich kein Fotograf bin und von dieser Kunst eigentlich kaum etwas verstehe. Ich knipse nur, mache sogenannte Schnappschüsse und halte das auf Bildern fest was mich interessiert ist bzw. was ich für interessant halte. Zum anderen ist mein kleiner Fotoapparat an sich auch kein Kunstwerk und mancher Hobbyfotograf würde mich deshalb nur mitleidig belächeln. Man möge mir daher nachsehen, wenn nicht jedes Foto, welches ich in diesem Büchlein vorstelle ein ausgesprochenes Kunstwerk ist. Aber ich Denke bei etwas gutem Willen erkennt man was ich gemeint habe. Ich bedanke mich bei Sylvia Bürgermeister, Heinz Leuthardt, Gunder Schachtschabel und Detlef Weichold die mich mit Fotos unterstützten. Außer den Fotos habe ich noch einiges wissenswertes über den Willinger Berg zusammengetragen.

Ich möchte mit diesem Büchlein alle Bewohner unserer Orte und natürlich auch unsere Gäste von nah und fern ermutigen unsere nähere Heimat und intensiver zu erleben und an Ort und Stelle sich die Schönheiten unseres Willinger Berges anzusehen. Er ist zu jeder Jahreszeit attraktiv und hat seine besonderen Reize, so das sich zu jeder Jahreszeit eine Wanderung durch den Berg lohnt. Ich habe versucht den Berg in seinen Jahreszeiten zu Dokumentieren und möchte Sie auf eine kleine Wanderung mitnehmen. Alle Fotos entstanden am Wegesrand.

Oktober 2015 Jürgen Langbein

2. Der Willinger Berg, der Hausberg der Willinger

Der Willinger Berg hat seinen Namen von dem Ort an seinem Fuße, „Ober-Willingen".

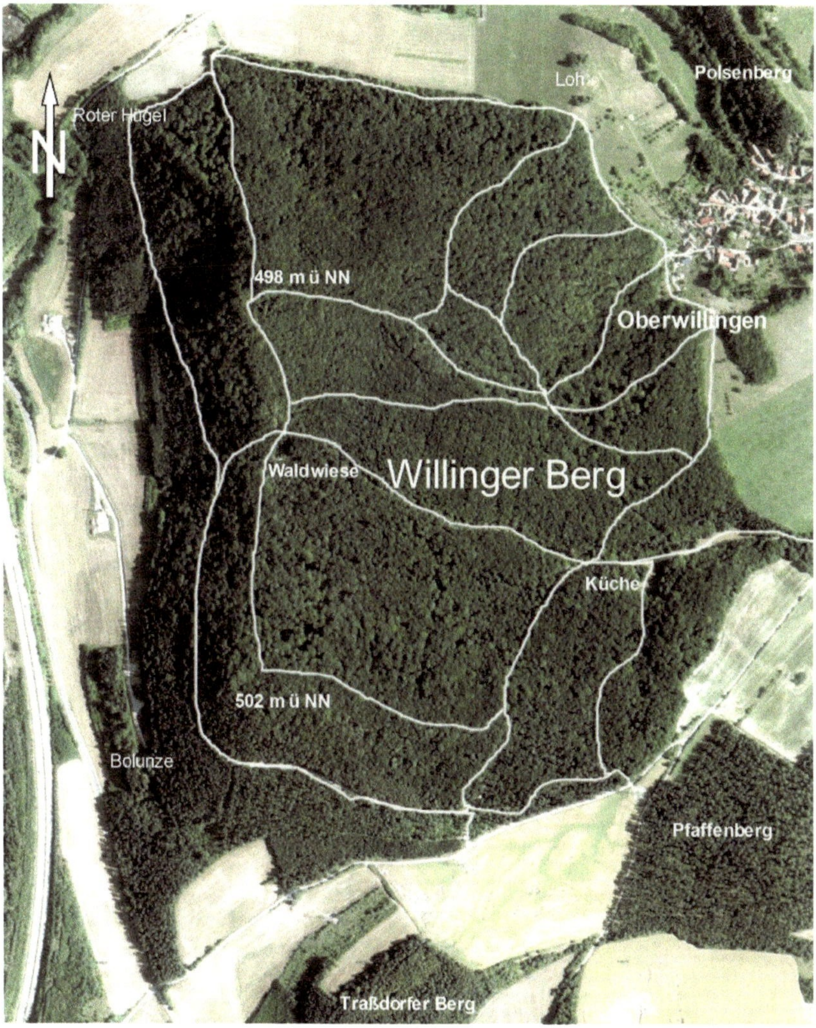

Ausschnitt eines Navikatluftbildes bearbeitet von Jürgen Langbein

2.1. Geschichte und wirtschaftliche Nutzung

Blick auf Oberwillingen und den Willinger Berg, links der Polsanberg, im Hintergrund der Mäuseberg   Foto Heinz Leuthardt

Der Willinger Berg war von jeher Bestandteil der Flur Oberwillingen. Erstmalig erwähnt wurde der Berg im Jahre 1289 unter der Schreibweise „Wilgerberch“ (siehe: H. F. Th. Apfelstedt „Beschreibende Darstellung der älteren Bau- und Kunstdenkmäler des Fürstentums Schwarzburg Sondershausen“ 2. Heft -Die Oberherrschaft- S.74). Leider schreibt Apfelstedt nichts Näheres über die Quelle seiner Angabe. Ich fand bei meinen Recherchen auch keine diesbezügliche Urkunde in den einschlägigen Archiven. Der Berg ist aber von je her im Besitz der Grafen von Käfernburg und später ihren Verwandten, den Grafen bzw. Fürsten von Schwarzburg, da die Fluren um den Berg deren Besitz waren. Er war Staatsforst der Scharzburger und auch herrschaftliches Jagdgebiet. Nach der „schwarzburgischen Teilung“ gehöhrten große Teile des Berges zum Fürstentum Schwarzburg Rudolstadt, quasi eine Exklave in der Oberwillinger Flur, denn Oberwillingen gehörte bekanntlich immer zum Amt Arnstadt und damit zum Fürstentum Schwarzburg Sondershausen. Heute ist der Willinger Berg Staatsforst des Landes Thüringen. Im und um den Williger Berg finden wir noch heute in Form von alten Grenzsteinen Zeugnisse über den früheren Besitz und seine Grenzen.

Sie tragen Bezeichnungen wie FSR - für Fürstentum Schwarzburg Rudolstadt (Stadtilm und Griesheim gehörten zu Schwarzburg Rudolstadt, FSS – für Fürstentum Schwarzburg Sondershausen und HG – für Herzogtum Gotha (der Ort Traßdorf war gothaisch).

Der Berg und seine Früchte waren in der Vergangenheit schon immer ein Zankapfel und Gegenstand so manches Prozesses zwischen den Oberwillingern, sowie den Einwohnern der angrenzenden Orte, Behringen, Griesheim und Traßdorf. Besonders war der Willinger Berg Gegenstand des Begehrens für die Gutsherren von Behringen oder Griesheim, bzw. deren Verwaltern. Auch die Herren von Stadtilm, ob Kloster oder die Herren des Amtes Stadtilm. Im Staatsarchiv Rudolstadt lagern eine Vielzahl von Prozess- und Untersuchungsakten aus mehreren Jahrhunderten. Meist ging es dabei um die Nutzungsrechte am Williger Berg, insbesondere um die Hut- und Triftrechte, die sich besonders die Rittergüter gern unter den Nagel reißen wollten. In früherer Zeit waren diese Rechte für die Einwohner der kleinen Orte von großer wirtschaftlicher Bedeutung und sicherten deren Überleben. Das Hutrecht ist das Recht das Vieh auf einem bestimmten Territorium zu hüten und das Triftrecht, ist das Recht das Vieh der Einwohner auf festgelegten Routen und Wegen zu diesen Weiden zu führen (zu treiben). Bis Anfang des 20. Jahrhunderts war es üblich das Vieh, wie Kühe, Ziegen, Schafe und Schweine auch in Wäldern zu hüten. In Oberwillingen gab es Hut- und Triftrechte die bis ins Waldholz reichten, da Oberwillingen zu den „Waldholzdörfern" gehört. Die Gemeinde Oberwillingen beschäftigte um 1850 laut Gemeinderechnungen noch zwei Hirten, einen für das Großvieh und einen für das Kleinvieh. Meist gab es auch noch eine Magd für das Federvieh, deren Aufgabe es war die Enten und Gänse zu hüten.

Der Willinger Berg wurde in der Vergangenheit durch seine Besitzer immer wirtschaftlich genutzt. Eine große Rolle spielt dabei die Gewinnung von Nutz- und Brennholz. So wurde z.B. das Stadtilmer Schloss (erst Zinserstinnen Kloster, später Kammergut und Sitz des Gräflichen später Fürstlichen Amtes Stadtilm) mit Brennholz aus dem Berg versorgt. Er wurde jedoch nie ganz abgeholzt und war auch in der Vergangenheit immer mit Laubgehölzen bewachsen. Eine besondere Rolle bei der Nutzung spielte über viele Jahrhunderte die Gewinnung von Eichenlohe für die Gerbereien in Stadtilm und Arnstadt. Als Lohe, auch Gerberlohe genannt, werden die zum Gerben verwendete Baumrinde, die Blätter und auch das zerkleinerte Holz von Ästen und Zweigen bezeichnet. Meist wurde die Lohe aus dem Eichenbaum gewonnen, wegen des hohen Gerbstoffgehaltes der Eiche. Die Lohe wurde in sogenannten Lohmühlen zerkleinert, die „Lohmühlenwege“ in Arnstadt oder in Stadtilm weisen heute noch auf die Existenz einer Lohmühle in diesen Orten hin. Oberwillinger Einwohner wurden noch vor dem 2. Weltkrieg zur Lohegewinnung eingesetzt, d.h. sie mussten Laub und Zweige sammeln und Rinde von den Eichenstämmen abschälen. Hauptsächlich wurden junge Zweige gebündelt. Die Lohe wurde dann meistbietend durch das zuständige Forstamt verkauft.

Eichenloh-Verkauf.

651. Dienstag, den 25. dieses Monats, sollen im Willingerberge, Griesheimer Forstes,

110 Hundert Eichenloh

auctionsweise gegen Baarzahlung verkauft werden. — Zusammenkunft früh 9 Uhr in der Römer'schen Restauration in Oberwillingen.

Rudolstadt, den 17. Juni 1878.

Fürstl. Schwarzburg. Forstamt.
E. Obstfelder i. A.

Kopie einer Annonce aus dem „Stadtilmer Anzeiger“ Jahrgang 1978, Nr. 50

Als herrschaftliches Jagdgebiet spielte der Willinger Berg wegen seines Wildreichtums für die Schwarzburger Fürsten eine nicht unbedeutende Rolle. Regelmäßig wurden herrschaftliche Jagden durchgeführt. Wobei Oberwillinger Einwohner oft als Treiber eingesetzt wurden. Über viele Jahre gab es herrschaftliche Jagdhäuschen (Hütten) im Willinger Berg.

A.H.A. Hatham schreibt in seinem Werk aus dem Jahre 1841 „Schloss und Dorf Elgersburg am Fuße des Thüringer Waldes mit seiner Wasserheilanstalt und nächsten Umgebung“ S. 265-266, über den Ort Oberwillingen und den Willinger Berg u.a. folgendes:
„Auf dem über dem Dorfe sich erhebenden Willinger Berge, der zu Rudolstadt gehört, hat vor einigen Jahren der Fürst von Schwarzburg Rudolstadt, an dem Punkte, wo die schönste Aussicht ist (nördliche Spitze, 498 m über NN), im morgenländlichen Style, ein sehr freundliches Häuschen erbauen lassen.“ Der Platz, an dem diese Hütte auf der nördlichen Spitze des Berges stand wird heute von den Einheimischen noch „Hütte“

genannt, bzw. der Weg dorthin „Weg zur Hütte, auch Hüttenweg“. Er führt direkt vom Dorf aus dahin.

Die letzte Jagdhütte war die sogenannte „Küche“, ein Fachwerkbau aus dem 19. Jahrhundert, der Thüringen Forst ließ sie im Jahre 2002 abreißen. Vorher war sie über einige Jahre an eine Privatperson verpachtet und ziemlich verfallen. Die „Küche“ war immer ein beliebter Ort zum Verweilen.

Die Küche um 1955 Foto Heinz Leuthardt

Küche um 1957 Fotos Jürgen Langbein

Der Williger Berg ist durch ein Umfangreiches Wegenetz gut erschlossen, daher bietet er vielfältige Wandermöglichkeiten und ist als Naherholungsgebiet von den Ansässigen Einwohnern und Fremden beliebt. Für eine umfangreiche Wegebeschilderung sorgte in den letzten Jahren die ansässige Jagdgenossenschaft Niederwillingen / Traßdorf.

Kreuzung hinter der „Küche“ Foto Jürgen Langbein

2.2. Geologie und Morphologie

Der Willinger Berg gehört zum Vorland oder Vorgebirge des Thüringer Waldes. Er liegt im Schnittpunkt des Thüringer Beckens im Norden und der Ilm-Saale Platte Südosten. Er liegt auf der Wasserscheide zwischen Ilm und Unstrut (Wipfra – Gera).

Ansicht von Nordwesten (Straße nach Kettmannshausen) Foto Jürgen Langbein

Durch seine Doppelspitze, vom Norden, Osten und Westen gut zu erkennen, ist der Willinger Berg ein sehr markantes Geländeobjekt. Er hebt sich neben dem Singer Berg deutlich vor der Silhouette des Thüringer Waldes hervor und ist selbst von den Höhenzügen vor Erfurt (Steiger) oder der Autobahn A4 und A71 gut sichtbar. Die südlichere der beiden Spitzen erreicht eine Höhe über NN von 502,1 m, während die nördliche ca. 498 m über NN liegt. Die Talsohle der Wipfra in Oberwillingen liegt bei 365 m über NN. Damit überragt der Berg das Wipfratal um 137 m.

Ansicht von Osten (bei Hammersfeld) Foto Jürgen Langbein.

Nach Osten und Süden fällt der Berg allmählich ab, während die West und Nordseite steil abfällt. Unmittelbar an der Nordseite des Williger Berges, an dessen Fuße, liegen im Tal der Wipfra die Orte Oberwillingen und Behringen. Niederwillingen liegt östlich am Wipfraknie und südlich des Willinger Berges der Ort Traßdorf.

Ansicht von der Niederwillinger Höhe Foto Jürgen Langbein

Der Willinger Berg besteht aus Muschelkalk, ebenso wie die Berge die durch die Wipfra von ihm getrennt sind, wie der Polsenberg, der Lange Berg, der Osterberg und in dessen westlicher Verlängerung der Mäuseberg. Die Geologen zählen den Willinger Berg als einen Südostausläufer der Rheinsberge, die bis zum Singer Berg hinreichen. Er ist von seiner Erscheinungsform her ein sogenannter Zeugenberg (auch Ausliegerberg genannt) Die Geologen sehen in Ihm eine Unterform des sogenannten Inselbergs, der durch Erosionsvorgänge als ein einzelner Berg von dem Gesteinsverband, dem er ursprünglich angehörte, isoliert wurde. Nach Südwesten hin ist der Willinger Berg bereits weitgehend vom Buntsandstein des Paulinzellaer Vorlandes umgeben (Sandberg, Waldholz). Unmittelbar nördlich des Willinger Berges, im Tal der Wipfra verläuft die sogenannte „Eichenberg-Gotha-Saalfelder" Störungszone. Der Ort Oberwillingen liegt genau auf dieser Störungszone. Dies ist eine geologische Störung die sich vor ca. 150 Millionen Jahren bildete und geologisch der Saxonischen Bruchschollentektonik zugerechnet wird (vergl. G. Seidel „Geologie von Thüringen" und G. Krähahn, E. Rosenkranz, I. Hönsch „Exkursionsführer Thüringer Wald und nördliches Vorland"). Die gesamte Umgebung zwischen Wipfra und Ilm um diese Störungszone ist außerdem ein Karstgebiet, auch der Willinger Berg selbst gehört zu dieser Karstformation. Unter Karst versteht man in der Geologie unterirdische, und oberirdische Geländeformen (meist Karsthöhlen) die vorwiegend durch Kohlensäureverwitterung, Lösung sowie Ausfällung von Kalkgesteinen und ähnlichen Sedimenten mit hohen Gehalt von Calciumcarbonat, entstanden sind. Hauptmerkmal ist der überwiegend unterirdische Wasserhaushalt. Karstformationen entstehen in Erdgeschichtlich langen Zeiträumen. Besonders deutlich wird das durch die Oberwillinger Karstquelle, einer unterirdischen Verbindung von der Ilm zur Wipfra. Sie verläuft entlang dieser Störungslinie. Etwa 500m nördlich von Griesheim liegen mehrere sogenannte Schlucklöcher im Ilmbett, in denen großen Mengen von Ilmwasser verschwinden. Prof. A. Gärtner von der Universität Jena erbrachte den ersten wissenschaftlichen Nachweis dieser Verbindung zwischen Ilm und Wipfra im Jahre 1899 bei Untersuchungen zu einer Typhusepidemie in Orten an der Ilm und an der Wipfra. Dabei stellte er fest, dass es von Oberwillingen an Wipfra aufwärts keine Typhusfälle gab. Er hat dann mittels einfüllen von Viehsalz in diese Schlucklöcher unterhalb von Griesheim, und Messung des Chlorgehaltes des in Oberwillingen wieder hervortreten Wassers den Zusammenhang bewiesen. (vergl.: Prof. Dr. A. Gärtner „Die Quellen in Ihrer Beziehung zum Grundwasser und zum Typhus S. 40", sowie Dissertation Klaus Bongartz, Universität Jena 2001, „Untersuchung unterschiedlicher Flächendiskretisierungs- und Modellierungskonzepte für die hydrologische Modellierung am Beispiel Thüringer Vorfluter S. 38").

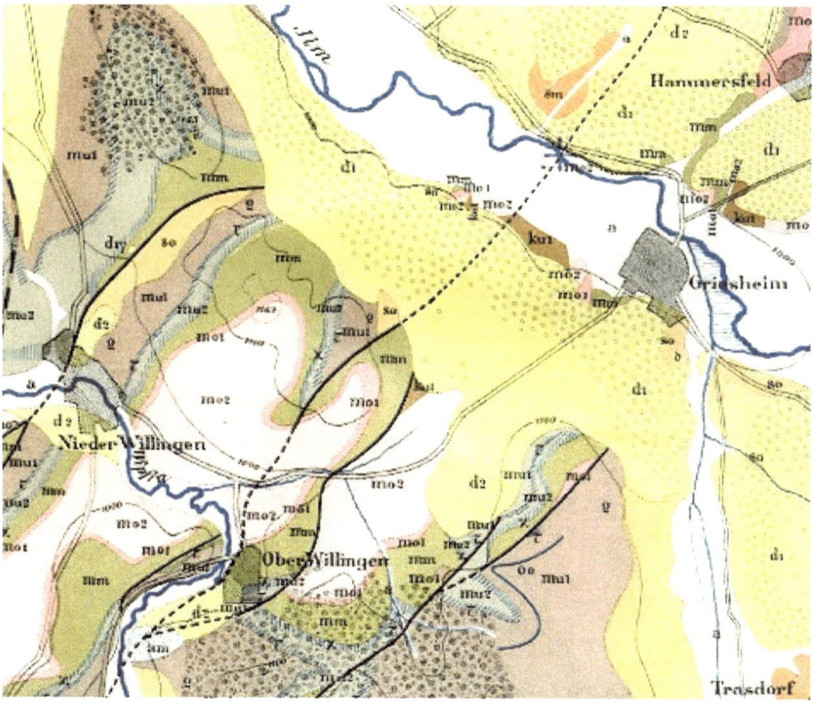

Ausschnitt einer Karte von Dr. E. Zimmermann, Geologische Anstalt Berlin, Verlag Gustav Fischer Jena 1902
Die gestrichelte Linie markiert den Verlauf der Verwerfungsspalte, da blaue Kreuz die Versickerungsstelle an der Ilm

Neben der Karstquelle in Oberwillingen entspringen im bzw. um den Willinger Berg zahlreiche kleine Quellen die überwiegend das ganze Jahr Wasser führen. So u.a. der „Ochsenborn“ (links neben dem Weg von der Küche zur Waldwiese),

„Ochsenborn“ Foto Jürgen Langbein

die Quellen am „Roten Hügel“, an der „Steinlinde“ (westlich des Willinger Berges), der „heilige Born“ in Oberwillingen, oder die Quellen am „Weidenborn“ (rechts und links der Straße Richtung Griesheim).

Quelle am Roten Hügel Fotos Jürgen Langbein Quelle an der Steinlinde

3. Die Tier- und Pflanzenwelt (Fauna und Fauna)

3.1. Die Fauna

Die Tierwelt des Willinger Berges sehr vielschichtig. Neben Hase und Rehwild ist im Berg das Schwarzwild beheimatet. Der Willinger Berg gehört seit einigen Jahren zum Einstandsgebiet des Muffelwildes. Ab und zu verirrt sich auch schon einmal ein Hirsch in den Berg, der aber nicht zu seinen ständigen Bewohnern zählt. Fuchs und Dachs sind dagegen ständige Bewohner wie auch vieles Kleingetier, wie Eichhörnchen, Baum- und Steinmarder und mancherlei Kleinnager. In den letzten Jahren siedelten sich auch Waschbären an. Der Willinger Berg beheimatet außerdem eine vielfältige Vogelwelt. Die an strengen Wintertagen die Futterhäuschen der Einwohner der angrenzenden Orte aufsuchen.

Fotos Detlef Weichold

In Oberwillingen, unweit des Willinger Berges, in der alten Linde auf dem ehemaligen Oberwillinger Friedhof oberhalb der Kirche. Leben und brüten schon seit vielen Generationen Eulen genauer gesagt Waldkäuze (strix aluco). Der Baum ist hohl und offensichtlich fühlen die Tiere sich dort wohl. Sie sind schon fast wie ein Maskottchen oder Wappentier für die Oberwillinger. Sie ziehen von dort in den nahen Willinger Berg und kommen immer wieder zurück. Man könnte auch sagen sie unternehmen einen Ausflug in den Hausberg der Willinger.

Rehbock (capreolus capreolus) Foto Wildkamera Gunder Schachtschabel

Waschbär (procyon lotor) Fotos Wildkamera Gunder Schachtschabel Wildschweine (sus scrofa)

Blindschleiche (anguis fragilis) Foto Jürgen Langbein

Weinbergschnecke (helix pomatia) Fotos Jürgen Langbein Hain-Bänderschnecke (cepaea nemoralis)

3.1.1. Vögel in meinem Garten

v.l.n.r. Weidenmeise (poecile montanus), Kohlmeise (parus major), Blaumeise (cyanistes caeruleus), Kleiber (sitta europaea)

Blaumeise (cyanistes caeruleus)

Haubenmeise (Lophophanes cristatus, Syn.: Parus cristatus) Foto Jürgen Langbein

Kleiber (Sitta europaea) Foto Jürgen Langbein

Grünfink (carduelis chloris)   Foto Jürgen Langbein

Buchfink (fringilla coelebs)   Foto Jürgen Langbein

Gimpel auch Dompfaff (Pyrrhula pyrrhula) Foto Jürgen Langbein

Amsel auch Schwarzdrossel (Turdus merula) Foto Jürgen Langbein

Buntspecht (Dendrocopos major, Syn.: Picoides major) Foto Jürgen Langbein

Eichelhäher (Garrulus glandarius) Foto Jürgen Langbein

3.2. Die Flora

Der Willinger Berg ist hauptsächlich mit Laubholz (Eichen, Rot- und Hainbuchen) bewachsen. Wobei die Nord- und Westhänge des Berges aus Buchenbeständen bestehen und das Plateau sowie die nach Osten und Süden geneigten Hänge überwiegend mit Eichen bewachsen sind. Wegen seiner außerordentlichen Vielfalt an Pflanzen, zum Teil sehr seltener Orchideen (laut NABU 14 Arten) wurden 83,8 ha des 123 ha großen Waldes bereits 1961 zum Naturschutzgebiet (NSG 59) erklärt.

Foto Jürgen Langbein

Teilweise ist die Nordwestseite in einer Größe von 27,1 ha sogar zum Totalreservat erklärt worden. In diesem Teil ist das Verlassen der Wege untersagt. Ich habe bei meinen sonntäglichen Spaziergängen eine größere Zahl von Blumen und seltenen Pflanzen fotografiert und möchte im Punkt 4 eine kleine Auswahl davon vorstellen. Der Berg hat zu jeder Jahreszeit seine Reize, ob winterlich verschneit, in seiner Blütenpracht im Frühling und Sommer, oder in seiner bunten Herbsttracht. Ohne durch den Wald zu streifen findet man an den Wegrändern im Frühling und Sommer eine Vielfalt von Blütenpflanzen. Die ersten von ihnen blühen je nach Witterungen schon im Februar oder März. Ich habe bei meinen Spaziergängen im Jahre 2013 bereits am 18. Januar ein Leberblümchen gefunden. Das Leberblümchen gehört mit den Schneeglöckchen zu den ersten Blütenpflanzen, die den Berg bunt machen und damit den Frühling ankündigen. Ihnen folgen die Sal-Weide und das Buschwindröschen. Dann kommen der Seidelbast, die Veilchen, die Platterbsen und die Schlüsselblumen. Mit den Maiglöckchen beginnen auch schon die meisten Orchideen zu blühen (nach einer Veröffentlichung des „Nabu“ soll es im Willinger Berg 14 verschiedene Orchideenarten geben). Damit ist der Berg so bunt, dass sich bei der Vielfalt der Blüten kaum noch eine Reinfolge feststellen lässt.

4. Eine Fotowanderung durch den Willinger Berg

wir wandern entlang des Rundweges 1

Weg Richtung Küche Foto Jürgen Langbein

Wiese vor der Küche Foto Jürgen Langbein

Weg von der Waldwiese Richtung südliche Spitze   Foto Jürgen Langbein

Blick Richtung Kettmannshausen   Foto Jürgen Langbein

Rundweg 1 hinter der südlichen Spitze Foto Jürgen Langbein

Blick Richtung Traßdorfer Berg Foto Jürgen Langbein

Blick auf die Waldwiese Foto Jürgen Langbein

Farne hinter der Waldwiese Foto Jürgen Langbein

Buche an der Waldwiese Fotos Jürgen Langbein alte Lärche an der Kreuzung hinter der Küche

„Symbiose“ Eiche und Kiefer Foto Jürgen Langbein

Blick vom Pfaffenberg Foto Jürgen Langbein

Weg südlich des Willinger Berges Foto Jürgen Langbein

Steinlinde zwischen Willinger Berg und Sandberg   Foto Jürgen Langbein

4.1. Blüten am Wegesrand

gewöhnliches Leberblümchen (hepaticia nobilis syn. anemone hepatica) Fotos Jürgen Langbein

Schneeglöckchen (Galanthus nivalis) Foto Jürgen Langbein

Sal-Weide (Salix caprea) Fotos Jürgen Langbein Buschwindröschen (Anemone nemorosa)

Seidelbast ((Daphne merzereum) Fotos Jürgen Langbein Veilchen (Viola)

Frühlingsplatterbse (Lathyrus vernus) Fotos Jürgen Langbein

Echte Schlüsselblume (Primula veris) Fotos Jürgen Langbein

Hohe Schlüsselblume (Primula eliator) Foto Jürgen Langbein

Gewöhnliche Schuppenwurz (Lathraea squamaria) Foto Jürgen Langbein

Maiglöckchen (Convallaria majalis) Fotos Jürgen Langbein

Stattliches Knabenkraut (orchis mascula) Foto Jürgen Langbein

Blasses Knabenkraut (orchis pallens) Foto Jürgen Langbein

Breitblättriges Knabenkraut (dactylorhiza majalis)

Blasses Knabenkraut (orchis pallens)

Fotos Jürgen Langbein

Rotes Waldvögelein (Cephalanthera rubra) Foto Jürgen Langbein

Wohlriechende Händelwurz (Gymnadenia odoratissima) Foto Jürgen Langbein

braunrote Ständelwurz (Epipactis atrorubens) Fotos Jürgen Langbein

Fliegen-Ragwurz (Ophrys insectifera) Fotos Jürgen Langbein

Huflattich (tussilago farfara) Fotos Jürgen Langbein Wilde Hyazinthe (hyacithus orientalis)

Kleine Traubenhyazinthe (muscari botryoides) Foto Jürgen Langbein

Geflecktes Lungenkraut (pulmonaria officinalis) Foto Jürgen Langbein

Gemeine Weißwurz (polygonatum odoratum) Foto Jürgen Langbein

Flieder (syringa reflexa) Fotos Jürgen Langbein Akelei (aquilegia vulgaris)

Akelei auf der Waldwiese Foto Jürgen Langbein

Acker-Hornkraut (cerastium arvense) Fotos Jürgen Langbein Knoblauchrauke (alliaria petiolata)

Echte Sternmiere (stellaria holostea) Foto Jürgen Langbein

Türkenbund (lilium martagon) Foto Jürgen Langbein

Türkenbund (lilium martagon) auf der Waldwiese Foto Jürgen Langbein

Bunte Kronwicke (securigera varia) Fotos Jürgen Langbein Futterwicke (vica sativa)

Vogelwicke (vicia cracca) Foto Jürgen Langbein

Berg-Flockenblume (centaurea montana) Foto Jürgen Langbein

Gewöhnliche Mahonie (mahonia aquifolium) Foto Jürgen Langbein

Tränendes Herz (lamprocapnos spectabilis alba) Foto Jürgen Langbein

Echtes Johanniskraut (hypericum perforatum) Foto Jürgen Langbein

Gewöhnlicher Löwenzahn (taraxacum sect. Ruderalia) Foto Jürgen Langbein

Gemeine Fichte (picea abies) Foto Jürgen Langbein

Schwalbenwurz (vincetoxicum hirundinaria) Foto Jürgen Langbein

Hain-Wachtelweizen (malempyrum nemorosum) Foto Jürgen Langbein

Gewöhnlicher Hufeisenklee (hippocrepis comosa) Foto Jürgen Langbein

Wiesensalbei (salvia partensis) Foto Jürgen Langbein

Echtes Labkraut (galium verum) Foto Jürgen Langbein

Heide-Günsel (Genfer Günsel) (ajuga genevensis) Foto Jürgen Langbein

Gewöhnliche Goldnessel lamium galeobdolo Foto Jürgen Langbein

Weiße Taubnessel (lamium album) Fotos Jürgen Langbein Wald-Ziest (stachys sylvatica)

Gewöhnliches Barbarakraut (barbarea vulgaris) Foto Jürgen Langbein

Gänseblümchen bellis perennis Fotos Jürgen Langbein Zypressen-Wolfsmilch euphorbia cyparissias

Vergissmeinnicht (myosotis) Foto Jürgen Langbein

Nesselblättrige Glockenblume (campanula trachelium) Acker-Glockenblume (campanula rapunculoides)

Fotos Jürgen Langbein

Pfirsichblättrige Glockenblumec (ampanula persicifolia) Foto Jürgen Langbein

Kleine Braunnelle (purnella vulgaris) Foto Jürgen Langbein

Gewöhnliches Kreuzblümchen (polygala vulgaris) Foto Jürgen Langbein

Persischer Ehrenpreis (veronica persica) Foto Jürgen Langbein

Tauben-Grindkraut (scabiosa colomibaria) Foto Jürgen Langbein

Klatsch-Mohn (papaver rhoeas) Foto Jürgen Langbein

Gemeine Wegwarte (cichorium intybs) Foto Jürgen Langbein

Wiesen Storchenschnabel (geranium pratense) Fotos Jürgen Langbein Blutroter Storchenschnabel (geranium sanguineum)

Wiesen-Bocksbart (tragopogon pratensis) Fotos Jürgen Langbein stinkender Storchenschnabel (geranium robertianum)

Sichelklee (medicago sativa) Fotos Jürgen Langbein Rotklee (trifolium pratense)

Walderdbeere (fragaria vesca) Fotos Jürgen Langbein Gewöhnlicher Blutweiderich (lythrum salicaria)

Geißblatt (lonicera xylosteum) Foto Jürgen Langbein

Vogelbeere (Eberesche) (sorbus aucuparia) Fotos Jürgen Langbein Brombeere (rubus sectio rubus)

Margerite (leucanthemum) Foto Jürgen Langbein

Echte Kamille (matricaria chamomilla) Foto Jürgen Langbein

Schwarzer Holunder (sambucus nigra) Fotos Jürgen Langbein Weißdorn (crataegus)

Große Klette (arctium lappa) Foto Jürgen Langbein

Gewöhnlicher Teufelsabbiss (succisa pratensis) Foto Jürgen Langbein

Hunds-Rose (rosa canina) Foto Jürgen Langbein

Gewöhnliche Wiesen-Schafgarbe achillea millefolium L. FOTO JÜRGEN LANGBEIN

Silberdistel (carlina acaulis) Foto Jürgen Langbein

5. Verzeichnis der Blütenfotos